MINISTÈRE DU COMMERCE ET DE L'INDUSTRIE.

EXPOSITION UNIVERSELLE INTERNATIONALE DE 1889.

CONGRÈS INTERNATIONAL

DE

MÉCANIQUE APPLIQUÉE.

TRANSMISSION DE LA FORCE PAR LES FLUIDES SOUS PRESSION ET SON APPLICATION SPÉCIALE AU POMPAGE DES EAUX D'ÉGOUTS,

PAR

M. WILLIAM DONALDSON,

M. A., M. I. C. E.

PARIS,

GAUTHIER-VILLARS ET FILS, IMPRIMEURS-LIBRAIRES

DU CONSERVATOIRE NATIONAL DES ARTS ET MÉTIERS,

Quai des Grands-Augustins, 55.

1889

CONGRÈS INTERNATIONAL

DE

MÉCANIQUE APPLIQUÉE.

PARIS. — IMPRIMERIE GAUTHIER-VILLARS ET FILS,
15596 55, QUAI DES GRANDS-AUGUSTINS.

TRANSMISSION DE LA FORCE

PAR

LES FLUIDES SOUS PRESSION

ET

SON APPLICATION SPÉCIALE AU POMPAGE DES EAUX D'ÉGOUTS,

Par M. William DONALDSON,

M. A., M. I. C. E.

INTRODUCTION.

La question de la transmission de la force par les fluides sous pression (liquides et gaz) est nécessairement liée à celle du coût de la production de ce fluide sous pression, puisqu'il s'agit, en somme, de déterminer le moyen le plus économique et le plus efficace d'utiliser en la distribuant une puissance disponible ou que l'on peut développer en un certain point central. Si cette puissance disponible est, d'elle-même, susceptible d'être transmise, il faut évidemment en profiter pour la transmettre directement, sans aucune transformation intermédiaire, toutes les fois que le prix de cette transmission directe n'est pas supérieur à la perte qui accompagne toujours la conversion d'une forme de l'énergie en une autre forme.

Dans le cas où la puissance disponible doit se transformer finalement en énergie électrique, on peut avoir intérêt, quelle que soit la nature de cette puissance, à en opérer la transformation avant sa transmission; mais la discussion du transport de la force par l'électricité sort du cadre de ce Mémoire, dans lequel nous ne discuterons que les transmissions par la pression des gaz et des liquides.

On appelle *gaz permanents* ceux qui restent à l'état de gaz sous toutes les conditions de température et de pression. Bien que de tels gaz n'existent probablement pas dans la nature, puisque l'on a réussi à liquéfier, par l'application simultanée de la compression et du froid, un grand nombre de gaz considérés auparavant comme permanents, nous considérerons dans ce Mémoire comme permanents les gaz qui conservent leur état sous les pressions les plus élevées employées dans les transmissions de force.

Des deux fluides gazeux, l'air et la vapeur, exclusivement utilisés dans ce but, l'air seul répond à cette définition : la vapeur, au contraire, ne saurait être considérée comme un gaz permanent, puisqu'elle se condense dès que sa température s'abaisse au-dessous du point de saturation.

A moins qu'il ne s'agisse de produire définitivement de l'air comprimé au moyen de la vapeur dont on dispose au point central, il est préférable d'utiliser, pour transmettre la force, cette vapeur même, toutes les fois que la transmission est non pas intermittente mais continue, et que la distance du point d'application au point de production est assez courte pour ne pas occasionner de pertes excessives par le refroidissement de la vapeur pendant son écoulement continu ; mais, comme l'objet principal de ce Mémoire est la discussion des meilleurs moyens à adopter pour transmettre à distance des forces d'une application intermittente, cas où la vapeur ne convient évidemment pas, nous devrons nous borner à la discussion des avantages comparés de l'application de l'air et de l'eau sous pression à ce genre de transmission.

A une seule exception près, celle d'une chute d'eau, toutes les autres puissances disponibles devront nécessairement subir une transformation qui les rende transmissibles. Dans le cas des combustibles, on peut en convertir une partie seulement en gaz transmissibles ; mais ce cas n'entre pas dans notre sujet.

Comme il est impossible de convertir une forme d'énergie en une autre sans perdre par cette transformation seule une quantité notable du travail disponible, il faut transmettre la puissance des chutes d'eau directement, jamais par exemple sous forme d'air comprimé, à moins que la production même de cet air ne constitue le but final de l'installation. Dans ce dernier cas, il faut produire l'air comprimé à la chute même, avant sa transmission, puisque la puissance à transmettre effectivement utilisable et recueillie par la compression de l'air ne peut jamais être qu'une faible fraction du travail total nécessaire pour produire cet air comprimé. Bien que la perte de pression que l'air comprimé subit, dans les conditions habituelles de nos transmissions, soit, en tant pour 100 de sa pression initiale, environ quatre fois plus grande que dans une transmission de même puissance par l'eau à hautes pressions, cette perte est négligeable en comparaison de celle due à la fabrication même de l'air comprimé ou de la différence entre l'énergie de cet air et le travail dépensé pour la produire.

Nous n'avons donc, en ce qui concerne le prix de production, qu'à examiner les valeurs relatives de la puissance disponible effective créée par un travail donné du premier moteur employé à comprimer de l'air dans un réservoir ou de l'eau sous un accumulateur.

Les formules nécessaires pour l'étude de cette question sont bien connues : nous nous contenterons de les rappeler sans les démontrer. On trouvera la démonstration de ces formules, ainsi que des Tables dressées d'après elles dans un Ouvrage publié par l'auteur sur le sujet qui nous occupe ([1]) : nous appliquerons dans ce Mémoire les résultats numériques fournis par ces Tables.

CHAPITRE I.

COMPARAISON DES PRIX DE PRODUCTION DE L'AIR ET DE L'EAU COMPRIMÉS.

Lorsqu'on emploie pour la transmission de la force un fluide incompressible comme l'eau, sa production n'exige pas

([1]) *Tansmission of power by fluid pressure.* 1 vol. London, Spon; 1888.

d'autre travail que son refoulement à la pression voulue sous l'accumulateur, tandis qu'il faut au contraire réduire l'air à cette pression avant de le refouler dans son réservoir de pression. Si on laisse la température de l'air comprimé s'abaisser, avant son utilisation jusqu'à celle qu'il avait dans l'atmosphère avant sa compression, son énergie totale, fonction de la température seule, sera la même qu'avant sa compression; mais cet air pourra néanmoins accomplir encore, par sa détente jusqu'à la pression atmosphérique, un travail équivalent à ce que nous appellerons l'*énergie sensible* de cet air comprimé. Or, le travail que l'air peut ainsi accomplir par sa détente n'est qu'une faible fraction du travail dépensé à le comprimer, et ce dernier travail est entièrement perdu quand on emploie l'air comprimé sans le détendre.

Désignons par $p_0, v_0, t_0, p_1, v_1, t_1$ la pression, le volume et la température absolus d'une unité de poids d'air avant et après sa compression; le travail de compression est donné par la formule

$$(1) \qquad \frac{p_1 v_1 - p_0 v_0}{\gamma - 1},$$

dans laquelle on désigne par $\gamma = \frac{0,2377}{0,1688} = 1,408$ le rapport des chaleurs spécifiques de l'air à pression et à volume constants.

Si la compression s'effectue suivant une adiabatique, le travail de compression est donné par l'une des deux formules

$$(2) \qquad \frac{p_0 v_0 \left(R^{\frac{\gamma-1}{\gamma}} - 1\right)}{\gamma - 1},$$

$$(3) \qquad \frac{p_1 v_1 \left(R^{\frac{\gamma-1}{\gamma}} - 1\right)}{(\gamma - 1) R^{\frac{\gamma-1}{\gamma}}},$$

dans lesquelles on désigne par $R = \frac{p_1}{p_0}$ le rapport des pressions initiale et finale.

Le travail mécanique de compression est, d'autre part, équivalent au nombre de calories nécessaires pour élever la température de l'unité de poids d'air comprimé de t_0 à t_1. A 60° F. (15° C.) et à la pression atmosphérique, de 14,7 livres par pouce carré, un pied cube d'air pèse 0,0764 livres, de sorte que, si l'on désigne par J l'équivalent mécanique de la chaleur, le travail de compression d'un pied cube d'air est égal, en pieds-livres, à

$$0,0764 \times 0,1688\,(t_1 - t_0)\,J = 6,721\left(R^{\frac{\gamma-1}{\gamma}} - 1\right)J,$$

puisque $t_0 = 521°$ F. et que l'on a

$$t_1 = R^{\frac{\gamma-1}{\gamma}}\, t_0.$$

D'autre part, $p_0 v_0 = 2116,8$ pieds-livres, d'où l'équation

$$\frac{2116,8\left(R^{\frac{\gamma-1}{\gamma}} - 1\right)}{\gamma - 1} = 6,721\left(R^{\frac{\gamma-1}{\gamma}} - 1\right)J,$$

dont on déduit, pour J, la valeur

$$J = \frac{314,95}{\gamma - 1} = 771,93 \text{ pieds-livres},$$

en unités françaises, 424^{kgm}.

On se trouve ici en présence d'une concordance très remarquable entre les résultats d'expériences de natures absolument distinctes : la valeur de J ayant été fixée par Joule à 424^{kgm} en mesurant l'élévation de température produite dans une masse d'eau agitée par un travail mécanique donné, et celle du coefficient γ en déterminant expérimentalement les chaleurs spécifiques de l'air.

Puisque la température t'_0 de l'air, après sa détente de $(p_1 t_0)$ à p_0, est de

$$t'_0 = t_0\left(\frac{p_0}{p_1}\right)^{\frac{\gamma-1}{\gamma}},$$

l'équivalent mécanique de son énergie sensible est égal à

$$6,721\left(1-\frac{p_0^{\frac{\gamma-1}{\gamma}}}{p_1}\right)J = 6,721 J\left(\frac{R^{\frac{\gamma-1}{\gamma}}-1}{R^{\frac{\gamma-1}{\gamma}}}\right),$$

de sorte que le travail de la compression adiabatique de l'air est égal à $\left(R^{\frac{\gamma-1}{\gamma}}\right)$ fois son énergie sensible.

D'autre part, le travail de refoulement de l'air dans le réservoir à la pression p_1 est égal à $p_1 v_1$, et celui que le piston du compresseur reçoit de l'air à p_0 est égal à $p_0 v_0$; il en résulte que le travail effectif de la machine à comprimer l'air est égal à

$$\frac{p_1 v_1 - p_0 v_0}{\gamma - 1} + p_1 v_1 - p_0 v_0 = \gamma\left(\frac{p_1 v_1 - p_0 v_0}{\gamma - 1}\right),$$

ou à γ fois le travail de compression.

Lorsque la compression s'effectue suivant une isothermique, son travail est égal à

$$p_0 v_0 \log R, \tag{5}$$

et le travail total du moteur à

$$p_0 v_0 \log R + p_0 v_0.$$

Comme $p_0 v_0$ représente le travail effectué par l'air sur le compresseur, le travail effectif de la pompe est, dans ce cas, égal précisément à

$$p_0 v_0 \log R, \tag{6}$$

ou au travail même de la compression.

Lorsqu'on chauffe l'air comprimé avant de l'utiliser, on perd en outre une certaine quantité de la chaleur d'échauffement par conductibilité, de sorte qu'il ne faut guère consacrer à cet échauffement que des chaleurs perdues.

Le seul moyen pratique de diminuer la perte due au refroidissement de l'air consiste à réduire d'abord le travail de refoulement de l'air comprimé dans le réservoir en lui enlevant le plus de chaleur possible pendant la période de compression, puis à envelopper les conduites et le réservoir d'isolants aussi parfaits que l'on peut.

S'il est nécessaire de pomper l'eau de circulation indispensable au refroidissement du compresseur, il faut ajouter cette dépense au prix de la compression.

On admet ordinairement, pour les compresseurs à enveloppe d'eau, que la température de l'air comprimé s'y élève au quart $\left(\frac{t_0 - t_1}{4}\right)$ de celle qui correspond à une compression adiabatique, de sorte que l'action des parois du compresseur augmente la température de l'air aspiré avant sa compression. Cette élévation de la température de l'air aspiré n'augmente d'ailleurs en rien le travail de la pompe par unité de volume d'air comprimé; mais le poids de l'air aspiré par chaque cause, ainsi que le travail effectif produit, diminuent en raison inverse des températures initiales. On obtient, d'après l'hypothèse précédente, la formule

$$\frac{t_0}{t_1 + t_0} = \frac{4}{R^{\frac{\gamma - 1}{\gamma}} + 3}.$$

Lorsqu'on communique de l'énergie à l'air directement par la chaleur seule, cette énergie communiquée est équivalente au nombre de calories transmises à l'air; mais, lorsqu'on augmente l'énergie de l'air par compression, une partie de cet accroissement est due au travail exercé par l'atmosphère sur le piston du compresseur, et ce travail est égal à la contre-pression exercée par l'atmosphère sur les pistons des machines qui utilisent ensuite la détente de l'air comprimé; de sorte que l'on utilise, dans le cas d'une compression et d'une détente adiabatique de l'air, la totalité du travail de compression, tandis que l'on n'utilise, dans le cas d'un chauffage de l'air, que la différence entre l'énergie totale ainsi communiquée à l'air et la contre-pression de l'atmosphère. Si l'on échauffe l'air dans un récipient dilatable, l'énergie dépensée à accroître son volume est restituée dans l'hypothèse d'un fonctionnement adiabatique. Nous devons donc tenir compte, en évaluant le rendement de la combinaison thermique, de la perte due à la différence des chaleurs spécifiques à pressions et à volumes constants, entièrement sacrifiée dans la plupart des moteurs à air chaud. La chaleur cédée après refroidissement par les parois qui servent au passage de l'air chaud est loin de compenser la chaleur perdue par le rayonnement du moteur dans l'atmosphère. Il en résulte que toutes les machines à air chaud fondées sur le refroidissement et l'échauffement alternatifs de l'air ont un faible rendement.

Pour déterminer l'admission minima ou la plus grande détente de l'air comprimé dans la machine qui l'utilise, désignons par V le volume d'air comprimé admis; le volume V_0 que cet air occupera après sa détente de $R = \frac{p_1}{p_0}$ sera donné par la formule

$$V_0 = \frac{RV}{R^{\frac{\gamma-1}{\gamma}}} = VR^{\frac{1}{\gamma}},$$

de sorte que la détente nécessaire pour ramener l'air à la pression atmosphérique est donnée par l'expression

$$(13) \qquad \frac{v}{v_0} = \frac{1}{R^{\frac{1}{\gamma}}}.$$

Si la pression finale ou d'échappement est supérieure à celle de l'atmosphère, la chute de température est moindre, et l'on a, en désignant par R_1 la détente nouvelle et par P la chute de pression correspondante exprimée en tant pour 100 de la chute due à la détente R, l'expression

$$\frac{P}{100}\left(1 - \frac{1}{R^{\frac{\gamma-1}{\gamma}}}\right) = 1 - \frac{1}{R_1^{\frac{\gamma-1}{\gamma}}},$$

d'où

$$(14) \qquad R_1 = \frac{R}{\left[0{,}0P + (1 - 0{,}0P)R^{\frac{\gamma-1}{\gamma}}\right]^{\frac{\gamma-1}{\gamma}}}$$

et, pour l'admission,

$$\frac{v}{v_0} = \frac{1}{R_1^{\frac{1}{\gamma}}}. \tag{15}$$

On peut évaluer les valeurs maxima de P d'après les températures les plus basses réalisées dans les machines frigorifiques à air, où l'air comprimé à environ 4^{atm} effectives s'abaisse rarement à plus de — 60°C. (— 55°F.). La température minima absolue dans le cylindre de détente est donc de 213° et la chute de température, de 288° à 213°, de 75° seulement, tandis que la chute correspondant à la détente de 4^{atm} à 1^{atm} est de 97°. Puisque le travail utilisé est proportionnel à la chute de température, la proportion de la chaleur sensible utilisable est égale à

$$\tfrac{97}{75} \times 100 = 0,66,$$

et, pour cette utilisation P, le degré de détente R_1 est donné par l'expression

$$R_1 = \frac{R}{\left(0,66 + 0,34 R^{\frac{\gamma-1}{\gamma}}\right)^{\frac{\gamma}{\gamma-1}}}.$$

Nous sommes maintenant en mesure de calculer le rapport du travail effectif maximum que peut rendre un poids donné d'air comprimé au travail dépensé au compresseur en marche isothermique ou adiabatique; et cela avec une grande exactitude, car la seule inconnue est la valeur exacte de γ. La différence entre les valeurs extrêmes de γ adoptées par divers savants ne dépasse pas le $\frac{1}{40}$ de sa valeur maxima, et l'écart entre les résultats de la pratique expérimentale et ceux de la théorie provient de l'impossibilité de réaliser un fonctionnement rigoureusement adiabatique ou isothermique.

La Table I ci-dessous donne :

Colonne I. Rapports de compression.

Colonne II. Pressions indiquées p_1 en kilogrammes par centimètre carré.

Colonne III. Températures absolues de l'air correspondant à une compression adiabatique p_1 partant d'une température initiale de 15°.

Colonne IV. Températures absolues de l'air à la fin de la détente après une compression isothermique à 15°.

Colonne V. Degré d'admission correspondant à une détente allant jusqu'à la pression atmosphérique.

Colonne VI. Rapport du travail de compression du moteur au travail total de compression adiabatique.

Colonne VII. Rapport du travail de compression isothermique au travail de compression adiabatique.

Colonne VIII. Rapport du travail de refoulement de l'air dans le réservoir en marche isothermique au travail total de compression adiabatique.

Colonne IX. Rapport du travail théorique effectif maximum disponible par l'énergie sensible de l'air après sa compression isothermique au travail total de la compression adiabatique.

Colonne X. Somme des rapports VIII et IX.

Colonne XI. Rapport avec travail isothermique correspondant à celui de la colonne VIII avec travail adiabatique.

Colonne XII. Rapport avec travail isothermique correspondant à celui de la colonne XI.

Colonne XIII. Rapport avec travail isothermique correspondant à celui de la colonne X.

TABLE I.

I.	II.	III.	IV.	V.	VI.	VII.	VIII.	IX.	X.	XI.	XII.	XIII.
1,5.....	0,56	307	240	0,71	0,17	0,98	0,80	0,09	0,89	0,81	0,09	0,91
2.......	1,05	340	218	0,61	0,31	0,90	0,63	0,18	0,81	0,70	0,20	0,90
3.......	2,10	380	195	0,46	0,40	0,86	0.53	0,21	0,74	0,62	0,26	0,88
4.......	3,10	415	175	0,37	0,49	0,79	0.43	0,23	0,66	0,54	0,29	0,83
5.......	4,20	445	165	0,31	0,54	0,77	0,39	0,23	0,62	0,50	0,30	0,80
6.......	5,25	475	150	0,28	0,58	0,74	0.35	0,23	0,56	0,47	0,31	0,78
8.......	7,20	510	140	0,23	0,62	0,73	0,31	0,23	0,54	0,42	0.31	0,73
10.......	9,25	545	130	0,20	0,65	0,70	0,27	0,23	0,50	0,38	0,33	0,71
15.......	14,55	620	115	0,15	0,71	0,66	0,23	0,23	0,46	0,33	0,34	0,67

La Table II renferme les données pratiques et réelles probables suivantes, déduites des données théoriques de la Table I.

I. Rapport de compression.

II. Coefficients (a) tenant compte de l'échauffement initial de l'air à l'admission.

III. Rapport d'admission maximum.

IV. Produit des pressions de la colonne II, Table I, par 0,66 et le coefficient (a).

V. Rapport de la colonne IX, Table I, $\times$ 0,66.

VI. Rapport de la colonne VII, Table I, $\times$ (a).

VII. Rapport du travail de compression adiabatique au travail de refoulement de l'air dans le réservoir après sa compression isothermique.

VIII. Moyenne des rapports des colonnes VI, Table II, et XI, Table I.

IX. Rapport du travail de compression en partie isothermique au travail du refoulement de l'air dans le réservoir après une compression isothermique.

X. Somme des rapports des colonnes IV et VI, Table II.

XI. Rapport du travail de compression adiabatique au travail total utilisable effectif.

XII. Somme des rapports colonne XI, Table I, et colonne V, Table II.

XIII. Moyenne des rapports des colonnes X et XII, Table II.

XIV. Rapport du travail de compression à peu près isothermique au travail total utilisable effectif.

TABLE II.

I.	II. (a)	III.	IV.	V.	VI.	VII	VIII.	IX.	X.	XI.	XII.	XIII.	XIV.
1,5.	0,97	0,84	0,04	0,06	0,78	1,28	0,80	1,25	0,82	1,22	0,88	0,85	1,18
2...	0,95	0,74	0,11	0,13	0,60	1,67	0,60	1,54	0,71	1,40	0,83	0,77	1,30
3...	0,91	0,61	0,13	0,17	0,48	2,08	0,55	1,82	0,61	1,64	0,79	0,70	1,43
4...	0,89	0,55	0,14	0,19	0,38	2,63	0,46	2,17	0,52	1,92	0,73	0,62	1,61
5...	0,87	0,51	0,13	0,20	0,34	2,94	0,42	2,37	0,47	2,13	0,70	0,58	1,72
6...	0,85	0,47	0,13	0,20	0,30	3,33	0,38	2,63	0,43	2,32	0,67	0,55	1,82
8...	0,83	0,42	0,13	0,20	0,26	3,85	0,33	3,03	0,39	2,66	0,62	0,50	2,00
10...	0,80	0,39	0,12	0,21	0,22	4,55	0,30	3,33	0,34	3,00	0,59	0,46	2,18
15...	0,77	0,34	0,12	0,21	0,18	5,55	0,25	4,00	0,30	3,34	0,54	0,42	2,39

Il faut, pour employer l'air comprimé avec détente, disposer de machines appropriées, construites en outre de manière à pouvoir admettre l'air pendant toute la durée de la course du piston. Les machines à vapeur ordinaires, dont la plus grande admission ne dépasse guère le tiers de la course, ne pourraient donc marcher utilement à l'air comprimé qu'avec des pressions d'au moins 14 atmosphères (colonne III, Table II), à moins de modifier leur mécanisme de détente.

Les données des Tables I et II ne se rapportent qu'au travail net du cylindre à air; le travail moteur à dépenser pour obtenir ces résultats est toujours plus grand que le travail réellement dépensé dans le cylindre compresseur parce qu'il doit vaincre les frottements des mécanismes. Avec les grands compresseurs bien construits, le travail de la machine motrice ne dépasse que de 20 pour 100 environ celui de la compression proprement dite, mais cette perte est beaucoup plus importante avec les petits compresseurs. Il se produit en outre toujours quelques fuites au piston et aux soupapes avant leur fermeture complète, de sorte qu'il faut, en somme, majorer d'au moins 25 pour 100 le travail de compression pour évaluer la puissance minima de la machine motrice.

Puisque la machine motrice doit être assez puissante pour effectuer la compression dans toutes les conditions, il faut admettre pour la calculer l'hypothèse la plus défavorable d'une compression adiabatique, et considérer le travail effectif comme égal à celui du refoulement de l'air dans le réservoir après une compression isothermique.

Dans la majorité des emplois de l'air comprimé, on ne peut pas en utiliser la détente; et il faut, toutes les fois qu'on l'utilise, réchauffer l'air ou prendre les dispositions indispensables pour se débarrasser de la neige qui se forme pendant la détente par l'abaissement de la température de l'air au-dessous de zéro.

Il faut donc employer, pour le calcul de la puissance motrice maxima nécessaire, les rapports du travail de compression au travail effectif inscrits dans la colonne VII, Table II.

En général, dans les installations d'air comprimé, on se donne une puissance motrice égale au double du travail maximum de compression des pompes; de sorte que, si la perte due aux fuites et aux frottements des mécanismes ne dépasse pas 25 pour 100, l'on dispose ainsi d'un excédent de puissance de $\frac{2}{1,25} = 1,6$, ou de 60 pour 100 seulement, ce qui n'est pas de trop pour couvrir les risques des erreurs d'appréciation et assurer un fonctionnement économique. S'il faut pousser les machines et les chaudières jusqu'à leur production maxima, on ne peut pas songer à un fonctionnement économique. Si la perte due aux fuites et aux résistances passives atteint 50 pour 100, le rapport de la force motrice maxima disponible au travail maximum tombe à $\frac{2}{1,50} = 1,34$, et l'excédent n'est plus que de 34 pour 100.

On désigne par le symbole **IHP** (*indicated horse power*) la puissance de la machine motrice en chevaux indiqués, et par **HP** la puissance effective développée. La Table suivante donne pour les valeurs maxima des rapports $\frac{\text{IHP}}{\text{HP}}$ le double des rapports donnés dans la colonne VII de la Table II : nous considérons ces rapports comme pratiques et offrant toute sécurité.

TABLE III.

	I.	II.	III.	IV.	V.	VI.	VII.	VIII.	IX.
Valeurs de R............	1,5	2	3	4	5	6	8	10	15
Valeurs pratiques de $\frac{\text{IHP}}{\text{HP}}$.	2,56	3,34	4,16	5,26	5,88	6,66	7,70	9,10	11,10
Valeurs de $\frac{\text{IHP}}{\text{HP}}$ pour une compression adiabatique sans détente...........	1,60	2,09	2,60	3,30	3,68	4,16	4,81	5,69	6,94
Valeurs pratiques minima de $\frac{\text{IHP}}{\text{HP}}$ sans détente....	1,56	1,93	2,28	2,72	2,97	3,30	3,80	4,17	5,00
Valeurs pratiques minima de $\frac{\text{IHP}}{\text{HP}}$ avec détente....	1,48	1,63	1,79	2,00	2,20	2,28	2,50	2,73	3,00

En pratique, l'échauffement de l'air par sa compression est, comme nous l'avons dit, réduit de près de moitié par une marche à peu près isothermique ; la véritable valeur du rapport $\frac{\text{IHP}}{\text{HP}}$ sera donc probablement une moyenne entre les rapports correspondant aux fonctionnements adiabatiques et isothermiques, c'est-à-dire égale aux rapports donnés par les colonnes XI et XIV de la Table II augmentés du tant pour 100 dû aux pertes par les fuites et les frottements. Il suffira donc d'augmenter de 25 pour 100 ces chiffres pour déterminer la valeur pratique minima du rapport $\frac{IHP}{HP}$ avec ou sans détente de l'air comprimé (*voir* Table III).

Mais l'air comprimé dans le réservoir de pression et ramené à sa température initiale ne peut fournir à l'application qu'une partie de son énergie potentielle, variable avec la longueur de la transmission et la nature du travail à effectuer; et il est impossible de déterminer ce rendement final sans connaître exactement toutes les particularités de la distribution. On peut néanmoins affirmer que, en général, si l'on tient compte des frottements de la machine mue par l'air comprimé, ou opératrice, des frottements des conduites et des fuites, il ne faut pas espérer pouvoir recueillir plus de 60 pour 100 de l'énergie potentielle de l'air comprimé refroidi. On obtiendra donc des valeurs minima probablement sûres et pratiques du rapport $\frac{IHP}{HP}$ (H, P représentant ici le travail effectif final recueilli aux opérateurs) en divisant par 0,6 les données de la Table III.

C'est ainsi que nous avons dressé la Table IV :

TABLE IV.

	I.	II.	III.	IV.	V.	VI.	VII.	VIII.	IX.
Valeurs de R	$1\frac{1}{2}$	2	3	4	5	6	8	10	15
Valeurs pratiques de $\frac{IHP}{HP}$	$4\frac{1}{4}$	$5\frac{1}{2}$	$6\frac{3}{4}$	$8\frac{3}{4}$	$9\frac{3}{4}$	11	13	15	19
Valeurs de $\frac{IHP}{HP}$ pour une compression adiabatique, sans détente	$2\frac{3}{4}$	$3\frac{1}{2}$	$4\frac{1}{4}$	$5\frac{1}{2}$	6	7	8	$9\frac{1}{2}$	$11\frac{1}{2}$
Valeurs pratiques minima de $\frac{IHP}{HP}$, sans détente	$2\frac{1}{2}$	$3\frac{1}{4}$	$3\frac{3}{4}$	$4\frac{1}{2}$	5	$5\frac{1}{2}$	$6\frac{1}{4}$	7	$8\frac{1}{4}$
Valeurs pratiques minima de $\frac{IHP}{HP}$, avec détente	$2\frac{1}{2}$	$2\frac{3}{4}$	3	$3\frac{1}{4}$	$3\frac{3}{4}$	4	$4\frac{1}{4}$	$4\frac{1}{2}$	5

L'énergie totale d'un poids donné d'air est proportionnelle à sa température absolue; elle est donc la même, que cette température soit due à une compression ou à un échauffement direct; mais, dans ce dernier cas, l'élévation de la température de l'air est due tout entière à la chaleur appliquée pour la produire, tandis que, avec la compression, on n'augmente que l'énergie sensible de l'air, et c'est cette énergie seule que l'on peut ensuite utiliser. Les rapports calculés dans la colonne VI de la Table I, multipliés par 100, donnent donc l'utilisation pour 100 maxima possible de *l'énergie actuelle emmagasinée dans l'air* à volume constant par la chaleur, sans perte *subséquente* par conductibilité.

Après sa compression, l'air ramené à sa température initiale renferme encore de l'énergie sensible, et l'on n'aurait à lui communiquer, en l'échauffant, que la différence des chaleurs sensibles avant et après cet échauffement. Il ne paraît pas que l'on puisse utiliser en pratique l'énergie sensible de l'air après son échauffement avec un meilleur rendement que l'énergie de l'air froid, pourvu que l'on prenne les dispositions nécessaires pour se débarrasser de la neige de détente.

Les rapports de la colonne **IX**, Table I, multipliés par 100, donnent le tant pour 100 du travail effectif que l'on peut retirer de l'énergie sensible de l'air après son refroidissement en fonction du travail dépensé pour la comprimer; et, comme ce travail dépensé est égal à γ fois le travail de compression adiabatique, il en résulte que le produit de ces pourcentages par γ donnera le travail utilisable de l'énergie sensible de l'air comprimé, puis refroidi en tant pour 100 du travail total de compression adiabatique, ou en fonction de la chaleur nécessaire pour réchauffer l'air à volume constant. La Table V donne les pourcentages des énergies sensibles adiabatiques et isothermiques et leurs différences, qui représentent le tant pour 100 net que l'on peut retenir de l'énergie absolue communiquée à l'air en le réchauffant, sans perte par communication de chaleur aux corps environnants.

TABLE V.

	I.	II.	III.	IV.	V.	VI.	VII.	VIII.	IX.
Valeurs de R............	1,5	2	3	4	5	6	8	10	15
Énergie sensible adiabatique	17	31	40	49	54	58	62	66	71
Énergie sensible isothermique	13	26	30	32	32	32	32	32	32
Pourcentage utilisable de l'énergie absolue communiquée par la chaleur....	4	6	10	17	22	26	30	33	39

On ne peut transmettre de la chaleur à l'air qu'au travers de parois métalliques parcourues par l'air; car on ne peut brûler du gaz dans un réservoir d'air que s'il possède une pression un peu plus élevée que celle de l'air et il faudrait donc aussi le comprimer par une pompe spéciale. On perdra donc beaucoup de chaleur par conductibilité, et l'échauffement de l'air s'effectuera avec un mauvais rendement.

Lorsque l'air est échauffé par compression, la chaleur qu'il perd en se refroidissant est équivalente au travail total de compression ou à l'énergie absolue communiquée à l'air; mais, lorsqu'on échauffe l'air directement, on ne lui communique qu'une partie de la chaleur dépensée. Dans la compression, on perd par le frottement des mécanismes, comme, dans l'échauffement direct, par la conductibilité; mais on peut toujours évaluer exactement la première perte, jamais la seconde.

A moins d'utiliser l'air comprimé aussi vite qu'on le produit, l'énergie utilisable n'est représentée que par le travail que l'air développe en tombant, dans le réservoir, de la pression la plus élevée à la pression la plus basse des opérateurs, et ce travail est nécessairement très faible. Outre ce travail, inutilement consacré à comprimer l'air à une pression plus élevée qu'il ne le faut, on subira une autre perte due au refroidissement de l'air par la détente jusqu'à la pression admise aux opérateurs. Il ne faut pas songer à emmagasiner dans des accumulateurs l'air comprimé aux pressions habituelles de la pratique à cause de son trop grand volume.

Lorsqu'on a besoin d'air comprimé pour effectuer à une pression minima donnée un travail variable, on est obligé, afin de pouvoir utiliser la détente de l'air pour le travail maximum prévu, de maintenir cet air à une pression beaucoup plus élevée que la pression minima suffisante lorsque le travail est lui-même réduit à son minimum. De là une perte analogue à celle que l'on subit toujours quand on emmagasine de l'énergie pour un travail futur : on ne peut éviter cette perte par l'emploi d'accumulateurs que si les variations du travail sont faibles.

Rendement de l'eau sous pression.

Le travail net dépensé pour pomper de l'eau, lorsque le produit du volume par la pression est le même que celui de l'air comprimé après sa compression isothermique, est évidemment égal, abstraction faite des résistances passives, au travail dépensé pour refouler l'air comprimé dans son réservoir. Mais le frottement d'un piston est proportionnel au produit de son diamètre par la pression, et sa résistance totale au produit de la pression par le carré du diamètre : il en résulte que le travail F dépensé à varier le frottement du piston est, exprimé en tant pour 100 du travail total, indépendant de la pression et inversement proportionnel au diamètre d; on peut l'exprimer par la formule

$$F = \frac{c}{d},$$

c étant un coefficient variable avec la nature de la garniture du piston. D'après les expériences les plus exactes, la valeur de c varie de 40 pour les cuirs faits à 60 pour les cuirs neufs (d étant exprimé en pouces), et, comme la résistance des garnitures mouillées est toujours plus faible que celle des garnitures sèches, on ne risque rien d'admettre que le frottement des pistons des compresseurs d'air est au moins égal à celui des pistons de pompes garnis de cuir.

Il est facile d'établir une comparaison entre les résistances à vaincre pour emmagasiner des puissances égales sous forme d'air ou d'eau comprimés; nous admettrons, pour simplifier, que, dans les deux cas, le rapport de la course au diamètre du piston est le même pour toutes les dimensions des pompes.

Désignons par

D et d les diamètres des pompes à eau et à air;
m le rapport de la course au diamètre;
P la pression absolue par unité de surface;
V le volume de l'eau pompée;
R_1 le rapport $\frac{P}{p_1}$ des pressions absolues maxima de l'eau et de l'air;
r le rapport des nombres de courses accomplies par unité de temps par les pompes à eau et à air.

Puisque le travail effectif est égal dans les deux cas, abstraction faite du travail de compression de l'air, on a

$$PV = p_1 v_1 = p_0 v_0,$$

v_1 étant le volume de l'air pris à $p_0 v_0$ puis refoulé à p_1 dans le réservoir, après sa compression isothermique à p_1.

On a aussi

$$\frac{\pi m D^3}{4} = V = \frac{v_1}{R_1} = \frac{\pi r m d^3}{4 R_1 R},$$

d'où

$$D = \frac{d\sqrt[3]{r}}{\sqrt[3]{RR_1}}.$$

Or, le travail total de la pompe à eau, y compris celui des résistances passives, est égal à

$$PV\left(1 + \frac{c}{D}\right) = p_0 v_0 \left(1 + \frac{c\sqrt[3]{RR_1}}{d\sqrt[3]{r}}\right),$$

et celui du cylindre à air à

$$c_1 p_0 v_0 \left(1 + \frac{c}{d}\right),$$

c_1 étant le rapport du travail total de la pompe au travail de refoulement de l'air isothermique comprimé dans le réservoir de pression.

Le rapport du travail total de la pompe à air au travail de la pompe à eau est donc égal à

$$\frac{c_1\left(1+\frac{c}{d}\right)}{1+\frac{c\sqrt[3]{RR_1}}{d\sqrt[3]{r}}}.$$

Comme les pompes à air marchent en général quatre fois plus vite que les pompes à eau ($r=4$), il vient, en faisant dans cette formule $r=4$, $c=60$, l'expression

$$\frac{c_1(d+0,6)}{d+0,377\sqrt[3]{RR_1}}=c_1 A.$$

Puisque $R=\frac{p_1}{p_0}$ et $R_1=\frac{P}{p_1}$, le produit $RR_1=\frac{P}{p_0}$ est indépendant de p_1, et proportionnel à la pression absolue de l'eau P.

La Table VI donne les valeurs du coefficient A par lequel il faut multiplier c_1, pour des valeurs de RR_1 variant de $1\frac{1}{2}$ à 100, et des pompes à air de 230^{mm} et 610^{mm} de diamètre.

TABLE VI.

	I.	II.	III.	IV.	V.	VI.
Valeurs de RR_1	$1\frac{1}{2}$	4	15	30	60	100
Valeurs de P en kilogrammes par centimètre carré	1,50	4,20	15	38	60	103
Valeurs de A pour d = 230^{mm}.	1,18	1,00	0,97	0,95	0,92	0,89
Valeurs de A pour d = 610^{mm}.	1,01	1,00	0,99	0,98	0,97	0,96

La valeur du coefficient A est, pour des pressions supérieures à 100^{atm}, tellement voisine de l'unité que l'on peut considérer les rapports, donnés dans les Tables précédentes, du travail total de compression au travail de refoulement de l'air isothermique dans le réservoir de pression comme exprimant aussi exactement les rapports du travail de la compression de l'air au travail de refoulement de l'eau, à puissances effectives produites égales.

CHAPITRE II.

COMPARAISON ENTRE L'AIR ET L'EAU COMME AGENTS DE TRANSMISSION ET D'EMMAGASINAGE DE LA FORCE.

D'après quelques autorités, la résistance des conduites à l'écoulement de l'air est indépendante de sa densité; mais cette opinion est évidemment insoutenable, car la pression doit augmenter à la fois le frottement superficiel de l'air contre les parois des conduites et celui des molécules de l'air les unes contre les autres. Il est vrai que, dans la pratique, la pression de l'air ne varie que de 2^{atm} à 4^{atm}, écart trop faible pour que l'on ait à tenir compte des variations corrélatives de la résistance des conduites.

La formule ci-dessous, déduite d'une expression donnée par Box dans son *Traité de la chaleur*, donne une valeur suffisamment exacte de la perte de charge H due à la résistance des conduites :

$$H = \frac{0,000015\, l v^2}{d}.$$

Dans cette formule, on désigne par

H la perte de charge en pouces d'eau;
d le diamètre de la conduite en pouces;
l sa longueur en yards;
v la vitesse de l'air en pouces par seconde.

Réciproquement, la vitesse due à une charge H est donnée, pour une conduite de 1000 yards de long, par la formule

$$v = 2,5\sqrt{d H}.$$

L'eau étant incompressible, sa densité reste invariable à toutes les pressions, et l'accroissement de la résistance des conduites avec la pression ne doit dépendre que du frottement des parois. L'auteur ne connaît aucune expérience à ce sujet, mais il pense que l'on ne peut guère que désavantager la transmission par l'eau en considérant le frottement des parois comme indépendant de la pression. On considère, en général, les formules de Kutter sur l'écoulement de l'eau comme les plus exactes : d'après ces formules, on obtient, en désignant par v la vitesse de l'eau en pouces par seconde, par d le diamètre des conduites en pouce, et par s leur pente hydrostatique, les résultats consignés aux Tableaux A et B.

Nous avons adopté, pour notre comparaison entre l'air et l'eau, la moyenne des résistances données par les Tableaux A et B.

Tableau A (*tuyaux à parois lisses*).

	mm	mm		v
Tuyaux de	13 à	60 de diamètre	.....	$107\ d^{0,9}\sqrt{s}$
»	60 à	130	»	$115\ d^{0,8}\sqrt{s}$
»	130 à	250	»	$134\ d^{0,7}\sqrt{s}$
»	250 à	1m,800	»	$166\ d^{0,6}\sqrt{s}$
»	1m,800 et au delà		»	$256\ \sqrt{ds}$

Tableau B (*tuyaux légèrement rugueux*).

	mm	mm		v
Tuyaux de	13 à	60 de diamètre	....	$63\ d\sqrt{s}$
»	60 à	130	»	$68\ d^{0,9}\sqrt{s}$
»	130 à	250	»	$78\ d^{0,8}\sqrt{s}$
»	250 à	610	»	$100\ d^{0,7}\sqrt{s}$
»	610 à	2m,400	»	$138\ d^{0,6}\sqrt{s}$
»	2m,400 et au delà		»	$220\ \sqrt{ds}$

La pression soudaine occasionnée par l'arrêt brusque d'un écoulement d'eau dans un tuyau fermé est proportionnelle à la variation de pression due à l'annulation brusque de la quantité de mouvement de la colonne d'eau. Avec les gaz, cet effet est par conséquent insignifiant. Avec l'eau, une colonne d'un centimètre carré de base et de l mètres de long pèse $\frac{l}{10}$ kilogrammes, et produit par son ralentissement brusque de v_1 à v_2 mètres par seconde, une pression de

$$\frac{l(v_1 - v_2)}{10g}$$

kilogrammes par centimètre carré.

Comme l'allongement ou la compression d'un corps élastique soumis à un effort brusque est égal au double de la déformation qu'il subirait sous un effort de même intensité appliqué graduellement, l'augmentation de pression ne doit jamais, dans le cas qui nous occupe, dépasser la moitié de la différence entre la charge de rupture et la charge pratique des conduites, de sorte que la charge ou la pression pratique P est donnée par la formule

$$\frac{l(v_1 - v_2)}{2g} \leqq \frac{P}{2}.$$

Lorsque la puissance du fluide comprimé est distribuée à plusieurs opérateurs, la vitesse moyenne de l'écoulement ne peut guère varier brusquement d'une quantité appréciable, puisque tous les opérateurs ne viennent jamais à s'arêter ni à se mettre en marche simultanément.

Il faut, en comparant les prix de la canalisation pour l'air et pour l'eau, prendre pour point de comparaison non pas le prix par mètre des tuyaux, mais leur dépense d'établissement par unité de puissance transportée.

Les Tables suivantes ont été calculées en supposant une pression moyenne indiquée de 56 à 63^{kg} par centimètre carré pour l'eau, et de $2^{kg},8$ à $3^{kg},5$ pour l'air, avec la condition que la perte de charge ne dépasserait pas 5 pour 100 de ces pressions pour une longueur de tuyaux de 5500^{m}, correspondant à une pente hydrostatique de $\frac{1}{180}$, ou à une hauteur d'eau de 260^{mm}.

La Table VII donne

I. Diamètre des conduites en millimètres.
II. Vitesse d'écoulement de l'eau en mètres par seconde.
III. Puissance en chevaux par minute transmise par l'eau à 56^{kg} (A).
IV. Vitesse d'écoulement de l'air.
V. Puissance en chevaux par minute transmise par l'air sans détente à $3^{kg},10$ (A').
VI. Puissance transmise par l'air, somme de A' + 0,66 de l'énergie sensible effective de l'air après son refroidissement (A").
VII. Rapport $\frac{A}{A'}$.
VIII. Rapport $\frac{A}{A''}$.
IX. Longueur maxima en mètres admissible pour les conduites sans risques de les endommager par un arrêt brusque de l'eau à 56^{kg}.
X. Longueur maxima en mètres admissible pour les conduites sans risque de les endommager par un arrêt brusque de l'eau à une pression de 70^{kgm} par centimètre carré.

TABLE VII.

I.	II.	III.	IV.	V.	VI.	VII.	VIII.	IX.	X.
		(A)		(A')	(A")				
76..	0,46	16	4,25	8	11	2,0	1,5	6100	770
100..	0,55	33	4,90	16	31	2,0	1,6	5100	640
130..	0,70	63	5,50	28	37	2,3	1,7	4200	520
150..	0,76	103	6,10	45	60	2,3	1,7	3600	460
200..	0,95	227	7	94	125	2,4	1,8	2900	360
250..	1,10	408	7,90	162	216	2,5	1,8	2500	320
300..	1,20	658	9,90	254	339	2,6	1,9	2300	270
460..	1,60	1834	10,35	692	923	2,7	2,0	1800	220
610..	1,95	4194	12,20	1448	1931	2,9	2,2	1450	180

Le rapport $\frac{A''}{A'}$ des chiffres des colonnes VII et VIII donne le prix comparatif par mètre des tuyaux transmettant avec la même dépense par cheval l'eau ou l'air comprimé.

On a comparé dans la Table VII la puissance transmissible par de l'eau à une pression initiale indiquée de 60^{kg} par centimètre carré avec celle de l'air à 32kg par des tuyaux de même diamètre, avec une même perte de charge proportionnelle en tant pour 100 de la pression initiale. Il faut, pour compléter la comparaison, calculer la perte de charge encourue lorsqu'on augmente la vitesse de l'air jusqu'à lui faire transmettre la même puissance que l'eau. On a supposé pour simplifier que la pression finale restait la même, à 3kg,10, de manière à n'avoir plus à calculer que la valeur de H nécessaire pour rendre le volume de l'air transmis égal au débit correspondant à une perte de charge de 5 pour 100 de la pression initiale, multipliée par les rapports calculés aux colonnes VII et VIII de la Table VII.

La Table VIII donne les pressions initiales et les pertes de charge en tant pour 100 de ces pressions, pour les diamètres de tuyaux de la Table VI.

TABLE VIII.

DIAMÈTRE des tuyaux.	AIR SANS DÉTENTE.		AIR AVEC DÉTENTE.	
	Pression initiale en kilogrammes par cent. carré.	Perte de charge en tant pour 100	Pression initiale en kilogrammes par cent. carré.	Perte de charge en tant pour 100.
76	3,70	17	3,40	10
100	3,70	17	3,50	12
130	3,90	21	3,60	14
150	3,90	21	3,60	14
200	4,05	23	3,65	16
250	4,15	25	3,65	16
300	4,20	26	3,65	16
460	4,30	27	3,70	17
610	4,50	31	3,85	20

Lorsqu'on essaye une conduite à l'eau, on en connaît l'état dès qu'on l'a remplie d'eau à la pression maxima, car toutes les fuites se révèlent immédiatement; mais il faut, pour les canalisations d'air, vérifier les conduites à l'air, et le seul moyen d'en constater l'étanchéité consiste à y maintenir la pression de l'air longtemps après qu'il y a atteint la température des conduites. La recherche des fuites est toujours bien plus difficile avec l'air que pour l'eau.

Il est nécessaire, si l'on veut assurer l'uniformité du service de la station centrale, de se procurer les moyens d'emmagasiner de la puissance, pour parer aux variations du débit. Avec l'eau à haute pression, il suffira d'un petit accumulateur, et la seule perte qu'il occasionne est celle du travail dépensé à vaincre le frottement de son piston. Le volume trop considérable de l'air comprimé empêche, au contraire, l'emploi des accumulateurs; on a proposé l'emploi de grands réservoirs de capacité invariable, dont les variations de pression parent aux inégalités du débit, mais avec une perte équivalente au travail nécessaire pour y comprimer l'air à une pression supérieure à celle de son utilisation.

CHAPITRE III.

APPLICATION SPÉCIALE DE L'EAU A HAUTE PRESSION ET DE L'AIR COMPRIMÉ AU POMPAGE DES EAUX D'ÉGOUTS.

L'emploi d'une transmission de force pour le pompage des eaux d'égouts permet de diviser la superficie du territoire à drainer en plusieurs districts munis de stations de pompes locales, actionnées par la force motrice d'une station centrale. Les avantages de cette répartition des eaux d'égouts entre plusieurs stations sont les suivants :

1° On n'a besoin que d'égouts d'un faible diamètre, assez profonds pour drainer les habitations;

2° On obtiendra toujours, quelle que soit la configuration du terrain, des pentes d'écoulement suffisantes.

3° L'emploi des pompes automatiques enlevant les eaux aussi vite qu'elles arrivent maintient les égouts constamment libres et, *si leur fonctionnement automatique est assuré, comme il doit l'être, par le jeu même de la pompe, il n'est besoin d'aucun réservoir, si petit qu'il soit, pour l'emmagasinage des eaux.*

Nous avons vu, au Chapitre II, qu'en proportionnant convenablement le diamètre des conduites à la puissance à transmettre, cette transmission, par l'air ou par l'eau, s'opère avec des conduites de diamètres modérés, et jusqu'à une distance de 6000^{m} environ, sans subir de la résistance des conduites une perte de plus de 5 pour 100 de la pression initiale. Avec l'eau, on n'a guère à tenir compte, en outre, que des fuites et du rendement de la pompe actionnée, tandis qu'avec l'air il faut faire entrer en ligne les considérations suivantes :

1° Possibilité de l'abaissement de la température de l'air comprimé au-dessous de la température initiale de l'air avant sa compression;

2° Effets des variations de la hauteur du refoulement des pompes aux diverses stations;

3° Écarts entre les pressions maxima et minima de l'air, nécessaire pour parer aux variations du débit des égouts.

La température initiale de l'air dans la salle des machines varie à peu près de 15° en hiver à 27° en été; dans les conduites, la température varie de 0° en hiver à 10° en été, avec, pour l'année, une chute moyenne de 17° environ, correspondant à une perte de 5,5 à 5,8 pour 100 de la pression initiale; de sorte qu'il faut compter sur une réduction de 5 pour 100 du volume de l'air comprimé à la température initiale.

Lorsqu'on fait agir l'air directement sur la surface des eaux à élever, la pression doit être suffisante pour refouler l'eau de la station la plus basse, et, par conséquent, quelquefois très supérieure à la pression nécessaire pour actionner la station la plus élevée; de sorte que, si l'on emploie à cette dernière station l'air sans le détendre, on perd tout le travail nécessaire pour accumuler dans l'air employé à la station supérieure cet excès de pression. On y dépenserait en outre un excès d'air dans le rapport $\frac{R_1}{R_2}$ des pressions nécessaires aux deux stations limites.

On pourrait, il est vrai, atténuer en grande partie cette perte d'air en réduisant sa pression par un détendeur à la station supérieure, mais non la supprimer entièrement, parce que, en raison du refroidissement par la détente, le volume final de l'air serait égal à $\left(\frac{R_2}{R_1}\right)^{\frac{\gamma-1}{\gamma}}$ fois ce qu'il eût été à la fin d'une détente isothermique.

Il faut nécessairement traiter à part chaque cas particulier de ces applications; mais on pourra néanmoins se faire une idée de l'effet de ces variations de charges par l'examen d'un système ne comprenant que deux hauteurs de refoulement différentes.

La Table IX donne les rapports (A) du travail dans le cylindre à air au travail utilement dépensé au pompage pour deux hauteurs de refoulement différentes et des débits variables. La lettre *m* désigne les rapports des débits de l'eau pompée aux stations supérieure et inférieure; les colonnes B donnent les rapports (A) pour de l'air employé sans détente, et les colonnes C pour de l'air avec détente.

TABLE IX.

m.	REFOULEMENT MINIMUM, 5^m,20. » MAXIMUM, 10^m,40.		REFOULEMENT MINIMUM, 10^m,40. » MAXIMUM, 20^m,80.	
	B.	C.	B.	C.
$\frac{1}{4}$	1,19	1,06	1,18	1,09
$\frac{1}{3}$	1,25	1,13	1,23	1,12
$\frac{1}{2}$	1,37	1,19	1,33	1,19
1	1,68	1,35	1,60	1,33
2	2,19	1,63	2,00	1,49
3	2,57	1,80	2,28	1,65
4	2,87	1,92	2,50	1,75

On a calculé le travail du cylindre à air dans l'hypothèse d'une compression isothermique, et les rapports C en supposant une détente parfaite: hypothèses toutes deux irréalisables en pratique. On peut donc prendre comme suffisamment exactes les moyennes des quatre valeurs correspondant à chaque valeur de *m*. Dans le cas de $m = 1$, correspondant à des débits égaux aux deux refoulements, et le plus probable en pratique, la moyenne des quatre rapports est de 1,49, de sorte qu'il faudrait, dans ce cas, majorer de 49 pour 100 le travail net du pompage, à cause de la différence du refoulement aux deux stations.

Lorsqu'il faut pomper les eaux d'égouts aussi vite qu'elles se présentent, on doit évaluer le débit maximum moyen de ces eaux par heure, pendant leur période de plus grand débit, au moins au $\frac{1}{8}$ du débit par jour, et prévoir, pendant ces heures de maximum, des variations d'au moins 25 pour 100 de part et d'autre de cette moyenne. Adoptant ces données, la différence entre les volumes d'air dans le réservoir aux pressions minima et maxima devra être égale au quart (25 pour 100) du débit maximum moyen d'une demi-heure, ou à la 64e partie du débit journalier des eaux. Pour une population de 1000 habitants, à 60^{lit} par tête, cet excédent par rapport à la moyenne maxima serait de $2^{\text{mc}},200$ environ.

Si l'on désigne par V le volume du réservoir, et par P, p les pressions maxima et minima de l'air, la différence des volumes occupés par l'air à ces deux pressions est de

$$\left(\frac{P}{p} - 1\right) V;$$

d'où

$$V = \frac{2^{\text{mc}},300\,p}{P - p} = 6^{\text{mc}},900$$

pour $p = 0,75P$, ou $P = 1,34p$.

Il faudra donc, afin que la pression maxima nécessaire pour maintenir les égouts constamment libres ne dépasse que de 34 pour 100 la pression minima nécessaire au refoulement, prévoir un réservoir d'environ 7^{mc} par 1000 habitants, ou de 340^{mc} pour une ville de 50 000 habitants.

Lorsqu'on fait agir l'air directement sur la surface des eaux d'égouts, la seule perte du mécanisme est celle occasionnée par l'air libre qui se trouve dans la pompe avant l'admission de l'air comprimé; on peut réduire à 5 pour 100 la perte provenant de ce fait dans une bonne pompe directe en marche normale.

Le Tableau suivant fait connaître les principales pertes qu'il faut ajouter, dans le cas que nous étudions, au travail net du pompage, pour obtenir le travail effectif que l'air comprimé doit produire : ces pertes sont estimées en fonction du travail net du refoulement.

Perte due au frottement des conduites.............	0,05
» à l'abaissement de la température de l'air.	0,05
» aux variations du refoulement...........	0,49
» » du débit.................	0,34
» à l'espace nuisible de la pompe..........	0,05
Total...............	0,98

On voit qu'il faudrait, sans encore tenir compte des pertes accessoires par les fuites ou la marche irrégulière des soupapes, multiplier par 1,98, ou doubler les chiffres de la Table III, pour déterminer les valeurs pratiques du rapport $\frac{\text{IHP}}{\text{HP}}$ pour l'ensemble d'une installation.

La Table X donne ces valeurs pratiques pour les différentes valeurs de R employées dans les Chapitres précédents. Les hauteurs de refoulement données dans cette Table sont équivalentes aux pressions indiquées minima nécessaires aux pompes, et sont, par conséquent, égales aux 0,70 des hauteurs dues à la pression maxima du réservoir, puisque l'on prévoit 5 pour 100 de perte pour la résistance des conduites et 25 pour 100 pour les variations du débit.

TABLE X.

Valeurs de R...........	$1\frac{1}{2}$	2	3	4	5	6	8	10	15
Hauteurs du refoulement en mètres............	3,60	7	13,70	20,70	27	34,50	48	62	97
Valeurs moyennes de $\frac{\text{HIP}}{\text{HP}}$	5	$6\frac{3}{4}$	$8\frac{1}{4}$	$10\frac{1}{2}$	$11\frac{3}{4}$	$13\frac{1}{4}$	$15\frac{1}{4}$	18	22
Valeurs pratiques de »	3	4	$4\frac{1}{2}$	$5\frac{1}{2}$	6	$6\frac{1}{2}$	$7\frac{1}{2}$	$8\frac{1}{2}$	10

Ces hauteurs sont égales à la somme de la charge hydrostatique du refoulement et de la hauteur équivalente aux frottements de la colonne montante.

Lorsqu'on emploie comme agent de transmission de force pour le pompage des eaux d'égouts l'eau à haute pression, on n'a plus à tenir compte, dans le calcul du travail maximum que doit exécuter cette eau, que du frottement des conduites et du rendement de la pompe actionnée. On pare aux variations de la hauteur du refoulement en modifiant le rapport des diamètres des pistons moteur et plongeur de la pompe de manière à proportionner la puissance de chaque pompe au travail qu'elle doit accomplir. Quant aux variations du débit, on y obvie facilement au moyen d'accumulateurs à pression constante, calculés de manière que le rapport $\frac{\text{IHP}}{\text{HP}}$ reste invariable, quelles que soient les variations du débit. Ces accumulateurs, très simples (réduits à des cylindres verticaux chargés de poids suffisant pour équilibrer la pression maxima), peuvent être utilisés avec l'eau à haute pression parce que le débit de cette eau varie peu de part et d'autre de sa moyenne. Ce débit n'est, en effet, qu'une faible fraction de celui des eaux pompées, le $\frac{1}{25}$ au plus, de sorte qu'un accumulateur de 100^{lit} suffirait largement à la variation de débit de $2^{\text{mc}},300$ à prévoir pour 1000 habitants : *un accumulateur de* $4^{\text{mc}},500$ *suffirait pour une population de* 50000 *âmes.*

L'accumulateur de $4^{\text{mc}},500$ dans le cas de l'eau à haute pression, et le réservoir de 340^{mc} dans le cas de l'air sont nécessaires pour assurer le fonctionnement automatique parfait des pompes aux stations ; mais, comme on a toujours besoin d'un mécanicien et qu'il peut facilement régler la marche de la pompe en fonction du débit des égouts, il est probable qu'il suffirait, en pratique, pour une population de 50000 habitants, d'un accumulateur de 450^{lit} ou d'un réservoir d'air de 100^{mc} au plus.

L'auteur a inventé et breveté une pompe automatique extrêmement simple. Son fonctionnement automatique est déterminé par les variations de la pression, sous le piston de la pompe, des eaux d'égouts qui lui sont amenées directement; ce qui constitue un avantage sur les pompes dont la mise en marche et l'arrêt sont déterminés automatiquement au moyen d'un flotteur qui monte ou descend dans le réservoir des eaux d'égouts. Le distributeur qui opère l'admission et l'échappement de l'eau sous pression est un simple piston mû par l'eau sous pression même, admise puis échappée au travers d'orifices auxiliaires ouverts ou fermés alternativement par le piston plongeur et moteur de la pompe, sans aucun emploi de cames ou de taquets. Les figures ci-contre permettront de comprendre facilement la marche de la pompe; elles représentent une installation de deux pompes de 610^{mm} de diamètre, destinées à fonctionner dans une salle souterraine au-dessous du niveau de la rue.

Les seules résistances de frottement à vaincre avec ce système sont celles des garnitures de la pompe et du cylindre moteur.

Si l'on désigne par

P et p les pressions de l'eau motrice et de l'eau refoulée;
D et d les diamètres des pompes motrice et foulante,

on a

$$PD^2\left(1-\frac{c}{D}\right)-pd^2\left(1+\frac{c}{d}\right),$$

c étant le coefficient de frottement des garnitures; d'où

$$D=\frac{c}{2}+\sqrt{\frac{c^2}{4}+\frac{pd(d+c)}{P}}.$$

Avec des garnitures en cuir neuf, d'après M. Hick, $c=0,6$ (les pressions étant exprimées en livres par pouce carré et les diamètres en pouces); d'où, pour D, en pouces, l'expression

$$D=0,3+\sqrt{0,09\,\frac{pd(d+0,6)}{P}}.$$

Le rapport du travail effectif de la pompe de refoulement au travail total de la pompe motrice est donné par l'expression

$$\frac{pd^2}{Pd^2}=\frac{pd^2}{P\left[0,3+\sqrt{0,09+\frac{pd(d+0,6)^2}{P}}\right]}.$$

Fig. 1.

POMPE AUTOMATIQUE DES EAUX D'ÉGOUTS,

SYSTÈME BREVETÉ DE M. DONALDSON.

$$\frac{\text{Pression dans le cylindre moteur}}{\text{Pression dans la pompe de refoulement}} = 56.$$

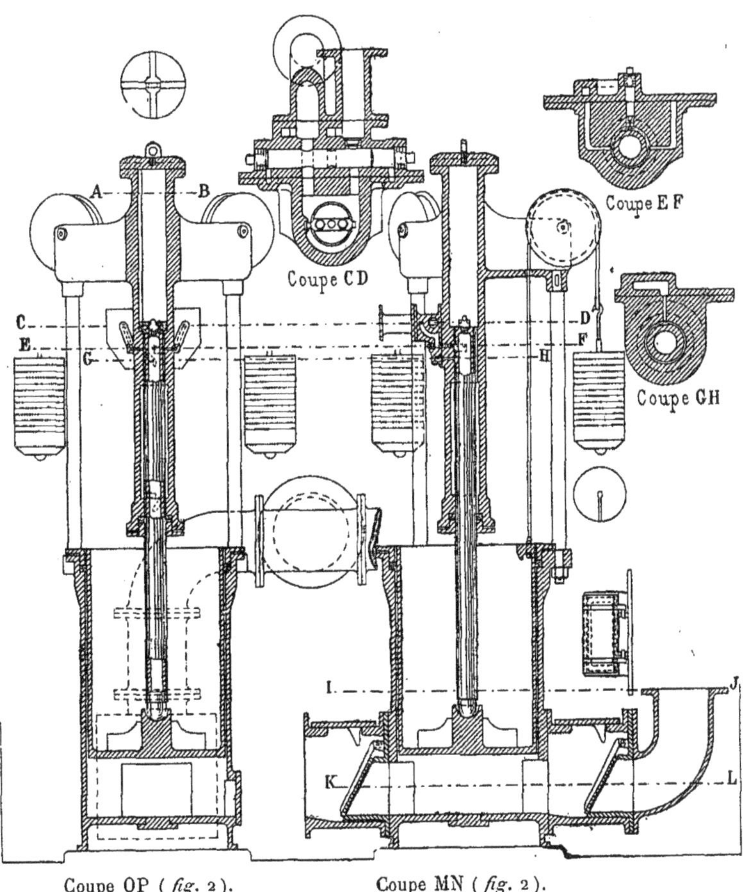

Coupe OP (*fig.* 2). Coupe MN (*fig.* 2).

Le Tableau ci-après donne la valeur de ce rapport pour des diamètres des pompes foulantes d variant de 230^{mm} à 760^{mm}

Fig. 2.

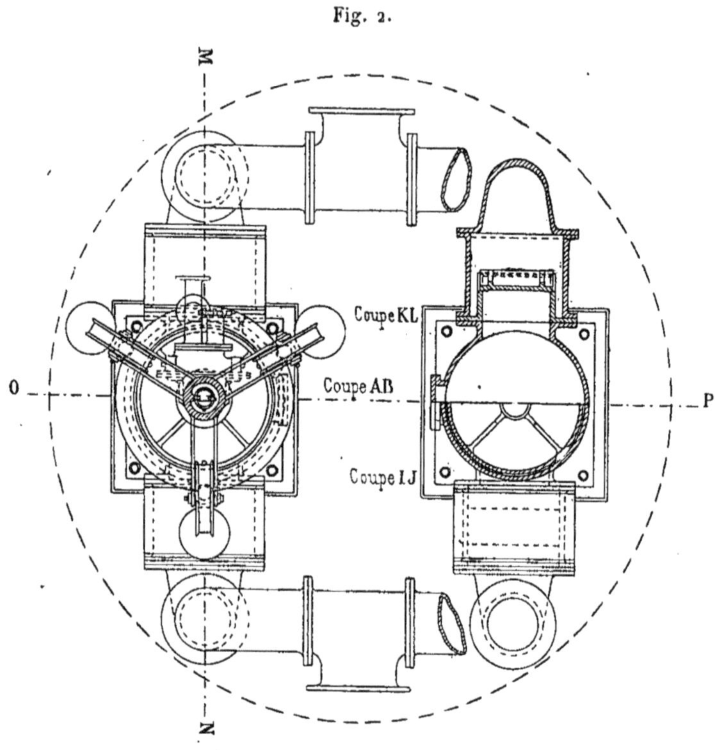

et des rapports de pression $\frac{P}{p}$ variant de 4 à 100, en supposant que le diamètre D du plongeur de la pompe motrice ne soit jamais inférieur à 50^{mm}.

(1) Pour plus de détails sur la pompe de M. W. Donaldson, consulter son Ouvrage cité page 7 et les brevets anglais 13820 de 1885, 8165 de 1886.

RAPPORT $\frac{P}{p}$.	DIAMÈTRES DE LA POMPE FOULANTE *d*.						
	230mm.	300mm.	380mm.	460mm.	530mm.	600mm.	760mm.
4......	0,82	0,85	0,88	0,91	0,92	0,93	0,94
10......	0,76	0,81	0,85	0,88	0,90	0,91	0,93
20......	0,70	0,77	0,81	0,84	0,86	0,88	0,91
40......		0,71	0,75	0,80	0,81	0,84	0,87
60......			0,71	0,76	0,78	0,81	0,85
80......				0,73	0,76	0,80	0,82
100......					0,74	0,77	0,80

Dans la plupart des installations moyennes, le diamètre des pompes foulantes *d* varie de 380mm à 600mm, et l'on peut facilement donner à la pression maxima des accumulateurs une valeur telle que le rapport $\frac{P}{p}$ ne dépasse pas 20. Dans ces conditions, le rendement des pompes est, en moyenne, de 0,85; il s'élève à 0,91 pour $\frac{P}{p} = 4$.

Avec l'eau, la grande difficulté consiste à ne pas étrangler les orifices de distribution : elle a été si complètement vaincue dans notre machine que la perte due à l'action du distributeur ne dépasse guère 2 pour 100 de la charge motrice, et le piston distributeur est néanmoins assez petit pour n'exiger à le mouvoir que 3 pour 100 environ de l'eau motrice totale employée; de sorte que le travail de distribution ne dépasse pas 5 pour 100 du travail total.

Il résulte évidemment des considérations précédentes que l'on peut établir sur ces données une pompe rendant 80 pour 100 du travail transmis, tandis que la perte due à la transmission ne dépasse pas 5 pour 100; de sorte que le rendement total de l'installation est de 75 pour 100. Si donc nous doublons, comme nous l'avons fait pour une transmission par l'air comprimé, le rapport $\frac{IHP}{HP}$, en le majorant en outre de 25 pour 100 pour la résistance des mécanismes, on obtient dans ce cas, en désignant par HP la puissance actuellement utilisée au refoulement de l'eau, les rapports suivants :

Valeur de sécurité de $\frac{IHP}{HP}$ ..... $2\frac{1}{2}$

» pratique minima » ..... $1\frac{1}{2}$

Lorsque le service des eaux d'un district est entre les mains de la municipalité, on peut, s'il ne faut traiter qu'une partie des eaux d'égouts, employer économiquement pour les pomper de l'eau empruntée aux conduites du service, dont le prix de revient réel ne dépasse guère un centime par 450^{mc} (un penny par 1000 gallons). S'il fallait pomper la totalité des eaux d'égouts, il faudrait nécessairement installer des appareils spéciaux.

Le prix d'installation des appareils nécessaires pour produire l'air ou l'eau sous pression variera dans chaque cas avec la puissance indiquée (IHP) nécessaire pour créer la puissance effective voulue. Les pompes d'eau sous pression, étant beaucoup plus petites que les compressions d'air, coûteront bien moins cher, et les accumulateurs, bien qu'étant, à volume égal, plus coûteux que les réservoirs, seront probablement moins chers d'établissement parce que leur capacité est environ deux fois moindre. Avec l'air, les bâtiments seraient aussi beaucoup plus grands; tout compte fait, on peut dire, sans favoriser en rien l'eau sous pression, que la dépense d'installation est, dans chaque cas (air et eau), proportionnelle à la pression indiquée (IHP) nécessaire.

Or, dans le cas des eaux d'égouts, on trouve pour le rapport

$$B = \frac{\text{IHP nécessaire avec l'air comprimé}}{\text{IHP nécessaire avec l'eau à } 56^{kgm} \text{ de pression indiquée}}:$$

	B.
Avec R = 1,5	2
2	2,75
3	3,5
4	4,25
5	4,75

		B.
Avec R =	6	5,50
	8	6,25
	10	7,25
	15	9

Réciproquement, les rapports ci-dessus représentent ainsi les rendements comparatifs de l'eau sous pression, ou les rapports

$$\frac{\text{Rendement de l'eau sous pression}}{\text{Rendement de l'air comparé}}$$

pour l'application spéciale en question.

L'emploi de l'eau sous pression présente en outre de grands avantages au point de vue hygiénique ou sanitaire. En effet, l'eau motrice ne vient jamais au contact des eaux d'égouts, et ne peut jamais par conséquent en propager les germes morbides : elle reste après son fonctionnement très pure et potable ou, tout au moins, utilisable pour le lavage des rues.

Lorsque l'on fait agir de l'air comprimé directement à la surface des eaux d'égouts à refouler, son emploi pourra ne présenter aucun inconvénient pendant les périodes de débit maximum où l'air s'échappe en une demi-minute; mais, aux heures de débit minimum, l'air, longtemps au contact des boues d'égouts en décomposition qui tapissent l'intérieur de la pompe, en emportera les germes morbides. On pourra bien faire échapper cet air par des tuyaux de ventilation élevés au-dessus des maisons, mais on ne protégera ainsi que le voisinage immédiat. En tous cas, les dangers de contamination sont, de ce chef, bien moins à craindre avec l'eau sous pression qu'avec l'air comprimé, qui se présente au contact des parois souillées des pompes sous un volume égal au produit du volume de l'eau refoulée par le rapport $\frac{p_1}{p_0}$ des pressions extrêmes.

15996 Paris — Imprimerie Gauthier-Villars et Fils, quai des Grands-Augustins, 55.

www.ingramcontent.com/pod-product-compliance
Ingram Content Group UK Ltd.
Pitfield, Milton Keynes, MK11 3LW, UK
UKHW021028200726
13857UKWH00004B/1649

9 782011 942906